FORSCHUNGSBERICHT DES LANDES NORDRHEIN-WESTFALEN

Nr. 2550/Fachgruppe Maschinenbau/Verfahrenstechnik

Herausgegeben im Auftrage des Ministerpräsidenten Heinz Kühn
vom Minister für Wissenschaft und Forschung Johannes Rau

Ing. Manfred Balkowski
Dr.-Ing. Hermann Schollmeyer
Ing. (grad.) Peter Vallet

Aerodynamisches Institut
der Rhein.-Westf. Techn. Hochschule Aachen
Direktor: Prof. Egon Krause, Ph. D.

Zur Umströmung hintereinander liegender,
wandfester Störkörper

Westdeutscher Verlag 1976

© 1976 by Westdeutscher Verlag GmbH, Opladen
Gesamtherstellung: Westdeutscher Verlag

ISBN-13: 978-3-531-02550-6   e-ISBN-13: 978-3-322-88306-3
DOI: 10.1007/978-3-322-88306-3

Inhaltsverzeichnis

		Seite
	Übersicht	1
	Bezeichnungen	2
1.	Einleitung	4
2.	Versuchsanordnung und Meßtechnik	9
	2.1 Versuchsaufbau	9
	2.2 Druckmessung	10
	2.3 Geschwindigkeitsmessung mit dem Hitzdraht	12
	2.4 Temperaturmessung	12
	2.5 Widerstandsmessung	13
	2.6 Impulsverlustmessung	15
3.	Versuchsergebnisse und Diskussion	17
	3.1 Widerstand der Störkörper	17
	3.1.1 Verhalten einzelner Störkörper	18
	3.1.2 Verhalten von Gruppen	21
	3.2 Impulsverlust der Störkörpergruppen	23
	3.3 Einfluß der Anströmgeschwindigkeit	26
	3.4 Geschwindigkeits- und Temperaturverteilung	27
	3.5 Wirkung der Mischzone als Wärmepumpe	35
4.	Zusammenfassung und Anwendungsmöglichkeiten	37
5.	Literaturnachweis	41

Übersicht

Das Widerstandsverhalten hintereinander angeordneter, wandfester Störkörper rechteckigen und dreieckigen Profils, sowie die durch die Störkörper bedingten Änderungen der Geschwindigkeits- und Temperaturverteilungen, vor allem im Totwasser- und Mischzonenbereich wird im Bereich $0,1 \leq Ma_\infty \leq 0,5$ experimentell untersucht. Durch geeignete Abstandswahl läßt sich der Gesamtwiderstand einer Störkörpergruppe in weiten Grenzen variieren; insbesondere kann der Gesamtwiderstand der Gruppe wesentlich unter den des einzelnen, isolierten Elementes herabgesetzt werden. Messungen der Geschwindigkeits- und Ruhetemperaturverteilungen über den Kanalquerschnitt liefern interessante Aufschlüsse über die Wirkung der Mischzone für den Wärmetransport. Die Meßergebnisse lassen die Beurteilung strömungstechnischer Probleme und die Deutung von einschlägigen Strömungsvorgängen zu.

Summary

The drag of rectangularly and triangularly shaped bluff bodies attached in series to the wall of a channel and their influence on the velocity- and temperature-distributions particularly in the mixing- and wake-regions has been investigated experimentally in the range $0,1 \leq Ma_\infty \leq 0,5$. The overall drag of a group of such bodies can be varied according to a suitable distance between them and can reach values remarkably lower than the drag of an isolated body. Measurements of the velocity- and temperature-distributions over the channel cross section show the influence of the mixing zone on heat transfer. The test results allow the estimation of correspondent flow problems and the interpretation of adequate flow phenomena.

Bezeichnungen

A_K	Kanalfläche senkrecht zur Anströmrichtung
A_{St}	Störkörperfläche senkrecht zur Anströmrichtung
B	Kanalbreite (hier auch Störkörperbreite)
$\sqrt[3]{C}$	Konstante nach 3 Kap. 3.2
c_w	Widerstandsbeiwert
c_{wJ}	Widerstandsbeiwert durch Impulsverlustmessung bestimmt
c_{wn}	Widerstandsbeiwert durch Summation der Einzelwiderstände bestimmt
d	Hitzdrahtdurchmesser
f	Eigenfrequenz
Fe	Fehler
h	Störkörperhöhe
H	Kanalhöhe
k	Abstand der Mischzonenmitte von der Kanalgrundfläche
K	Federkonstante
m	schwingende Masse
Ma	Machzahl
p	stationärer Druck
p_t	Gesamtdruck
Δp	Staudruck
Pr	Prandtl-Zahl
Q	Ansaugmenge
r	Recovery-Faktor $\quad r = \dfrac{T_{to} - T_\infty}{T_{t\infty} - T_\infty}$
T	statische Temperatur
T_t	Ruhetemperatur
Tu	Turbulenzgrad $\quad Tu = \dfrac{\sqrt{\overline{u'^2}}}{\bar{u}}$
u	Geschwindigkeit in x-Richtung
x	Koordinate in Anströmrichtung
y	Koordinate senkrecht zur Anströmrichtung
φ	Druckverlustbeiwert

Indizes

'	turbulente Größe
∞	Wert an der oberen Mischzonengrenze
o	Wert an der unteren Mischzonengrenze
L	leerer Kanal
B	mit Störkörper bestückter Kanal
1 bzw. 2	Meßstellen am Kanal

1. Einleitung *)

Das Strömungsverhalten im Bereich von Störkörpern, die an der Wand eines Windkanals in Strömungsrichtung hintereinander angebracht sind, ist im Hinblick auf ihr Widerstandsverhalten und den zugehörigen Energieverlust des beeinflußten Mediums von Bedeutung (Abb. 1).

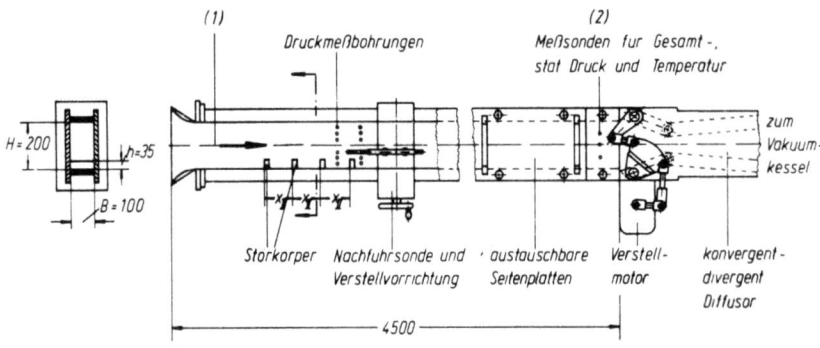

Abb. 1: Meßstrecke

Probleme dieser Art treten häufig in der Bauwerksaerodynamik, bei der Auslegung von Strömungssystemen für chemische Verfahren, Hochleistungswärmetauschern und Filtern auf. Aus diesem Grunde besteht einiges Interesse an detaillierten Untersuchungen.

Eine Anzahl von Veröffentlichungen befaßt sich mit dem Strömungsverhalten hinter einem einzelnen wandfesten Störkörper. Arie und Rouse [1], Sforza und Mons [2] sowie Schollmeyer [3] zeigen, daß sich das Gebiet in der Umgebung des Störkörpers in drei Bereiche aufteilen läßt (Abb. 2):

1. einen Strömungsbereich, in dem sich charakteristische Größen, wie Druck p_∞, Geschwindigkeit Ma_∞ und Turbulenz Tu_∞ nur geringfügig ändern,

---

*) Die Untersuchungen wurden durch das Land Nordrhein-Westfalen (Auftrags-Nr. II B 8 - FA 5078) unterstützt.

2. einer Mischzone zwischen den Linien y_∞ und y_o, in der die zeitlich gemittelte Geschwindigkeit bei sehr kleiner Änderung des statischen Druckes und großen turbulenten Schwankungen vom Wert u_∞ an der oberen, bis auf Null an der unteren Mischzonengrenze absinkt,

3. ein Totwasser, in dem bei großen turbulenten Schwankungen nur kleine mittlere Geschwindigkeiten vorliegen. Es füllt den Raum zwischen der unteren Mischzone y_o und der Wand aus.

Die Mischzone kann hierbei als abgelöste Grenzschicht betrachtet werden.

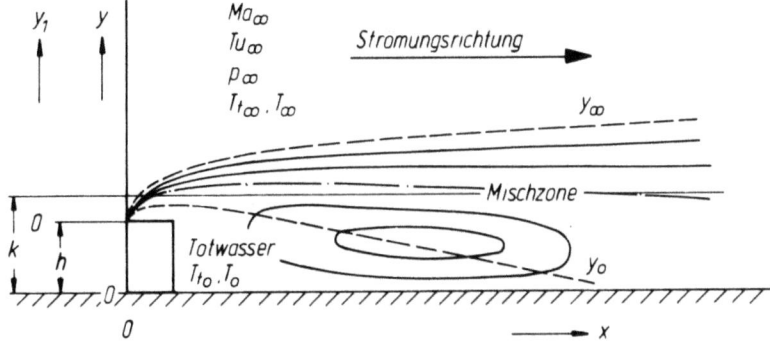

Abb. 2: Mischzone hinter einem rechteckigen Störkörper

Als Folge der Strömungsablösung entstehen große Geschwindigkeitsgradienten und starke Scherspannungen, die zu Instabilitäten und hoher Turbulenz führen. Das nichthomogene und anisotrope Turbulenzverhalten erschwert die experimentellen Untersuchungen und den Versuch, die charakteristischen Gleichungen analytisch zu lösen, außerordentlich.

Freie Grenzschichten mit anderen Entstehungsursachen zeigen vergleichbare Bereiche, wie Chaturverdi [4] für die plötzliche Rohrerweiterung und Carmody [5] für eine in der Strömung angestellte Platte beschreiben.

Ein ganz anderes Verhalten hat die Umströmung jedes weiteren Störkörpers. Form und Ausbildung der Mischzone ist von der jeweiligen Anströmung des – gegen die Strömungsrichtung gesehen – vor ihm liegenden Störkörpers abhängig (Abb. 3).

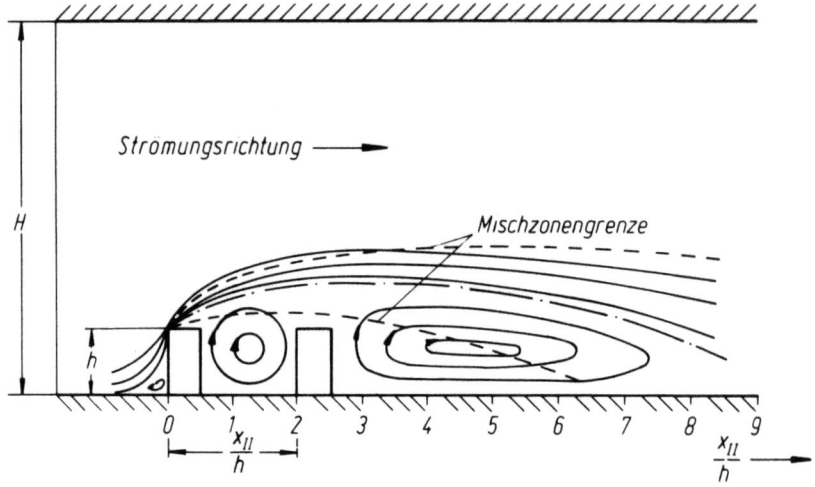

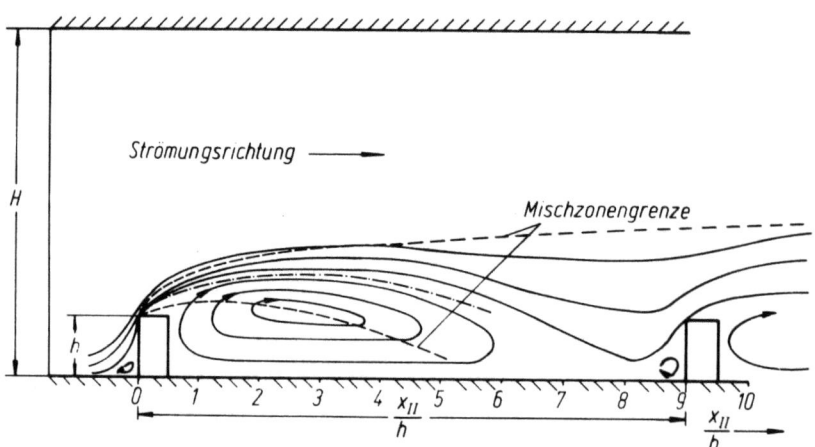

Abb. 3: Stromlinienbild des Störkörpernachlaufs, oben bei kleinem unten bei großem Abstand der Körper voneinander

Der nachfolgende Störkörper liegt in einem vom ersten Körper induzierten Bereich turbulenter Strömungsschwankungen. Einen Eindruck von der Stärke dieser Strömungsschwankungen vermittelt das Schlierenphoto Abb. 4.

Die Größe der zeitlich wechselnden Belastungsschwankungen auf den zweiten Störkörper hängt im wesentlichen vom Abstand zum ersten Körper sowie von der Anströmgeschwindigkeit Ma_∞ ab.

$x_{II}/h = 6 \quad Ma_\infty = 0{,}44$

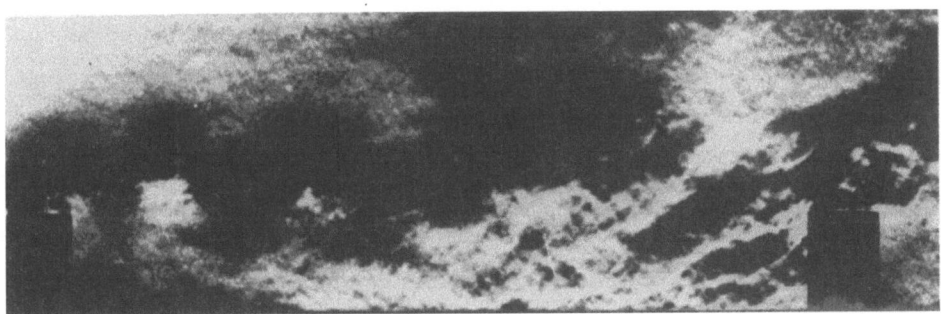

$x_{II}/h = 8 \quad Ma_\infty = 0{,}56$

Abb. 4: Schlierenaufnahme der Strömung

In Strömungsrichtung ist eine Trennung in Strömungszonen hier schwierig. Damit werden einer begleitenden theoretischen Beurteilung über den Bereich der ersten abgelösten Grenzschicht hinaus Grenzen gesetzt. Die vorliegenden Messungen mit mehreren Störkörpern beschränken sich deshalb darauf, summarisch die wechselseitige Beeinflussung auf die Störkörper und den Einfluß auf das Medium zu bestimmen.

Ein großer Teil der Veröffentlichungen befaßt sich mit der Wirkung hintereinander angeordneter, kleiner Wanderhebungen auf die Grenzschicht, die zugehörigen Wandschubspannungen und den Wärmeübergang. Antonia und Luxton [6] zeigen u. a., daß - bezogen auf die Grenzschichtdicke - sehr kleine, regelmäßig angeordnete Erhebungen zu einer merklichen Umformung des Grenzschichtprofils führen.

Den Einfluß der Staffelung von Störkörpern, die die Grenzschicht deutlich überragen, auf die Staubabscheidung im Totwasser bei Elektrofiltern, beschreiben Zeller, Müller und Neumann [7]. Naumann [8] untersuchte aerodynamische Drosseln. Er bestimmte den Druckverlust, den angestellte Bleche bei unterschiedlichen Abständen, Anstellwinkeln und Blechanzahlen in einer Meßstrecke erzeugen, sowie den der jeweiligen Anordnung zugehörigen Widerstandsbeiwert. Seine Arbeiten auf diesem Gebiet waren Basis und Anregung zur Untersuchung des vorliegenden Problems.

Im folgenden wird über das Strömungsverhalten einzelner und mehrerer, hintereinander angeordneter, gleicher Störkörper berichtet, die in einem rechteckigen Strömungskanal auf der Grundfläche wandfest angebracht sind (Abb. 1). Die Störkörperhöhe und die Kanalgeometrie wurden so gewählt, daß einmal der erste Störkörper die anströmende Grenzschicht deutlich überragt, zum anderen die gegenüberliegende Wand das Strömungsfeld oberhalb der Körper nicht grundsätzlich beeinflußt (siehe 2.1).

Vermessen wurden Rechteckkörper und Dreieckkörper (Abb. 5).

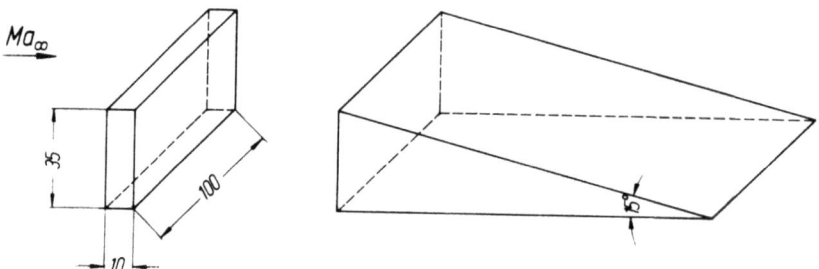

Abb. 5: Störkörper

Die Dreieckkörper mit einem Flankenwinkel von 15° lassen, nach Messungen von Chaturverdi [4] und Naumann [8], die größten Abweichungen zu den Recteckkörpern erwarten. Es wurden bis zu vier Rechteck- und bis zu drei Dreieckkörper mit gleichen Abständen hintereinander angeordnet. Variiert wurden die Anzahl der Körper, die Abstände von einer bis zu 24 Störkörperhöhen und die Geschwindigkeit der anströmenden Luft zwischen 0,1 und 0,5 Mach.

Gemessen wurden Druck-, Temperatur- und Geschwindigkeitsverteilungen in der Umgebung der Störkörper, der Widerstand einzelner Körper und der Druckverlust, der den Kanal durchströmenden Luft [3, 12, 20, 22, 23] Bei Störkörpern mit anströmungsparalleler Ablösung wurden Geschwindigkeits- und Temperaturverteilung mit Hilfe numerischer Rechenmethoden ermittelt [3, 22, 23].

2. Versuchsanordnung und Meßtechnik

2.1 Versuchsaufbau

Die Messungen wurden in einem 4,5 m langen Saugkanal mit rechteckigem Querschnitt von 200 mm Höhe und 100 mm Breite durchgeführt (Abb. 1), der an die 400 m^3 fassende Vakuumkesselbatterie des Aerodynamischen Instituts angeschlossen war. Die Wände des Kanals bestanden aus 2 cm starkem Kunststoff "schlagfestes Polyvenilchlorid Hostalit Z®", das neben einer guten Bearbeitbarkeit eine große Wärmedämmung aufweist (λ = 0,18 kcal/m·h·K), so daß trotz der großen Kanallänge der Wärmeaustausch durch die Wände in der Energiebilanz (Kap. 2.6) als vernachlässigbar klein angesehen werden kann.

Bei den ersten Versuchen wurde die Luft über einen Silikagel-Luftfilter angesaugt, um bei hohen Anströmgeschwindigkeiten Kondensationseffekte zu vermeiden. Als nachteilig bei diesen Messungen erwiesen sich jedoch große Temperaturunterschiede über den Kanalquerschnitt (mehr als 10°C; siehe Abb. 23). Diese waren auf eine Temperaturschichtung im Versuchslabor zurückzuführen. Der Einbau eines Großlüfters mit thermostatisch gesteuerter Heizung in den Laborraum reduzierte diese Temperatursprünge bei den folgenden Messungen auf weniger als ±0,5°C.

Ein "Konvergent-divergent" Diffusor gestattete eine leichte Einstellung und eine hohe Konstanz der Geschwindigkeit.

Die Störkörper wurden etwa 70 cm vom Einlauf entfernt angebracht, da dort mit Sicherheit bei allen Anströmungsmachzahlen eine turbulente Grenzschicht vorlag. Ihre Höhe wurde so bestimmt, daß der erste Störkörper die anströmende Grenzschicht deutlich überragt, und daß das Öffnungsverhältnis – $(H - h)/H \leq 0,85$ – so groß ist, daß Strömungsform und Kontraktion unabhängig von der mit der Kanalhöhe gebildeten Reynoldszahl bleiben [9].

2.2 Druckmessung

Der Ruhedruck konnte mit einer Pitot-Sonde mit Hilfe einer Verstellvorrichtung im gesamten Strömungsbereich gemessen werden.

Der statische Druck wurde durch Bohrungen (ϕ = 1 mm) in den Seitenwänden des Kanals entnommen. Ein Meßstellenumschalter (Fabrikat Scanivalve) gestattete über einen Druckgeber (Fabrikat CEC) und eine zugehörige Meß- und Steuereinrichtung das Erfassen und Ausdrucken der Werte von 48 Meßstellen während der Blaszeit des Kanals von minimal 20 Sekunden.

Diese Druckmessungen wurden zur Beurteilung der Strömungsverhältnisse oberhalb der Mischzone herangezogen, in der sich charakteristische Größen wie Druck, Geschwindigkeit und Turbulenz nur geringfügig ändern. Im Störkörpernachlauf – einleitend als Mischzone und Totwasser beschrieben – ist die Beschreibung des Strömungsverlaufs durch die Messung des mittleren Druckes infolge der großen, turbulenten Schwankungen zu ungenau, wie eingehende Untersuchungen an einzelnen Störkörpern zeigen [3]. Die folgende Abschätzung gibt einen Einblick in diese Problematik:

Der Staudruck Δp läßt sich im vorliegenden Machzahlbereich – $0 < Ma_\infty < 0,8$ – mit der zugehörigen Dichte ϱ, Geschwindigkeit u und einem Korrekturglied $(1 + \frac{Ma^2}{4})$, das den Einfluß der Kompressibilität berücksichtigt, ermitteln zu

$$\Delta p = p_t - p = \frac{1}{2} \varrho u^2 (1 + \frac{Ma^2}{4}) \ .$$

Setzt man ϱ und u als Summe ihrer Mittelwerte $\bar{\varrho}$, $\bar{u}$ und turbulenten Anteile ϱ' und u'

$$\varrho = \bar{\varrho} + \varrho'; \quad u = \bar{u} + u'$$

in diese Gleichung ein, so ergibt sich nach Mittelwertbildung

$$\Delta p = p_t - \bar{p} = \frac{1}{2} \bar{\varrho} (\bar{u}^2 + \overline{u'^2} + \frac{\overline{\varrho' u'^2}}{\bar{\varrho}})(1 + \frac{Ma^2}{4}).$$

Anhand einer Abschätzung nach Rotta [25] läßt sich nachweisen, daß das Korrelationsglied $\frac{\overline{\varrho' u'^2}}{\bar{\varrho}}$ bei turbulenten Schwankungen Tu $<$ 0,3 vernachlässigbar klein gegenüber den Größen $\bar{u}^2$ bzw. $\overline{u'^2}$ ist.

Mit dieser Voraussetzung setzt sich der Staudruck aus einer zeitlich Konstanten und einer Schwankungsgröße zusammen

$$p_t - \bar{p} = \frac{1}{2} \bar{\varrho} \bar{u}^2 + \frac{1}{2} \bar{\varrho} \overline{u'^2} (1 + \frac{Ma^2}{4}).$$

Letztere wird bei der Druckmessung mittels Pitotsonde nicht erfaßt, so daß sich, bezogen auf den Staudruck der Anströmung, ein Meßfehler des Gesamtdruckes p_t von

$$\frac{Fe(p_t)}{\frac{\varrho}{2} \bar{u}^2} = \frac{\overline{u'^2}}{\bar{u}^2} (1 + \frac{Ma^2}{4}) = Tu^2 (1 + \frac{Ma^2}{4})$$

ergibt. (Turbulenzgrad Tu = $\frac{\sqrt{\overline{u'^2}}}{\bar{u}}$).

Der Meßfehler bei der Geschwindigkeitsbestimmung beträgt – bezogen auf die mittlere, lokale Geschwindigkeit –

$$\frac{Fe(u)}{\bar{u}} = \frac{\sqrt{\overline{u'^2}}}{\bar{u}} \sqrt{1 + \frac{Ma^2}{4}} = Tu \sqrt{1 + \frac{Ma^2}{4}}.$$

Bei einer Machzahl von 0,5 ergeben sich für verschiedene Turbulenzgrade bei Verwendung einer Pitotsonde Meßfehler folgender Größenordnung:

Turbulenzgrad Tu	Gesamtdruck	Geschwindigkeit
0,1	1 %	10 %
0,2	4 %	21 %
0,3	9 %	31 %

2.3 Geschwindigkeitsmessung mit dem Hitzdraht

Neben optischen Messungen wird im allgemeinen das Hitzdrahtverfahren zur Bestimmung von Geschwindigkeitsverteilungen in Strömungen verwendet. Aufgrund der Meßunempfindlichkeit von Hitzdrähten gegenüber Änderungen der Anströmrichtung sind diesem Meßverfahren besonders in Strömungsbereichen mit großer Turbulenz, wie etwa in der Mischzone hinter Störkörpern, Grenzen gesetzt. So strebt bei den durchgeführten Messungen im Bereich des Totwassers die mittlere Geschwindigkeit gegen Null, trotzdem wurde mit dem Hitzdraht an keiner Stelle dieses Gebietes weniger als 13 % der Anströmgeschwindigkeit gemessen.

In diesen Bereichen werden die Messungen deshalb mit empirischen Näherungen korrigiert.

Im vorliegenden Fall ließ sich der Meßfehler mit Hilfe der bekannten Korrekturverfahren nicht kompensieren, so daß der Versuch gemacht wurde, mit einer einfachen Modellvorstellung, die auch für große Turbulenzgrade gültig ist, diese Abweichungen zu beurteilen [3, Kap. 4.2; 10]. Dieses Korrekturverfahren führte zu annehmbaren Ergebnissen (siehe Abb. 20); es wird im Rahmen eines Forschungsauftrages der Deutschen Forschungsgemeinschaft weiter ausgebaut.

2.4 Temperaturmessung

Zur Beurteilung des Strömungszustandes in einer Mischzone ist neben der Kenntnis der Geschwindigkeit die Enthalpie- bzw. die Temperaturverteilung notwendig. Aus diesem Grunde wurde der Bestimmung der Ruhetemperaturverteilung besondere Aufmerksamkeit geschenkt. Die Messung mit sehr dünnen Widerstandsdrähten (1 μm $\leq$ d $\leq$ 2,5 μm) wurde verworfen, da der Einfluß des Recovery-Effektes die erreichbare Genauigkeit sehr einengte, obwohl diese Geber eine gute zeitliche Auflösung besitzen und nach eingehenden Untersuchungen [11] der Einfluß der Geberhalter zu erfassen war.

Benutzt wurden Halbleiterwiderstände von etwa 0,6 mm Durchmesser, deren Meßfehler bei steigender Anströmgeschwindigkeit durch eine geeignete Konzeption des Trägers und der zugehörigen elektrischen Schaltung klein und reproduzierbar gehalten wurde [12]. Wesentliche Voraussetzung bei diesen Messungen war die Erzeugung eines gleichmäßigen Temperaturprofils über den Querschnitt weit vor den Störkörpern (siehe Kap. 2.1).

2.5 Widerstandsmessung

Der Energieverlust der Strömung bei einer bestimmten Störkörperanordnung läßt sich aus der Druckmessung weit vor (Abb. 1,(1)) und hinter (2) den Körpern bestimmen (Kap. 2.6).

Der Widerstand der einzelnen Körper ist, wie Versuche in dieser Richtung zeigten, mit der Messung der Druckverteilung auf der Kontur wegen der großen turbulenten Strömungsschwankungen im Bereich der Körper nur unvollkommen zu erfassen. Aus diesem Grunde wurde in einen Störkörper eine Dehnmeßstreifenwaage eingebaut (Abb. 6).

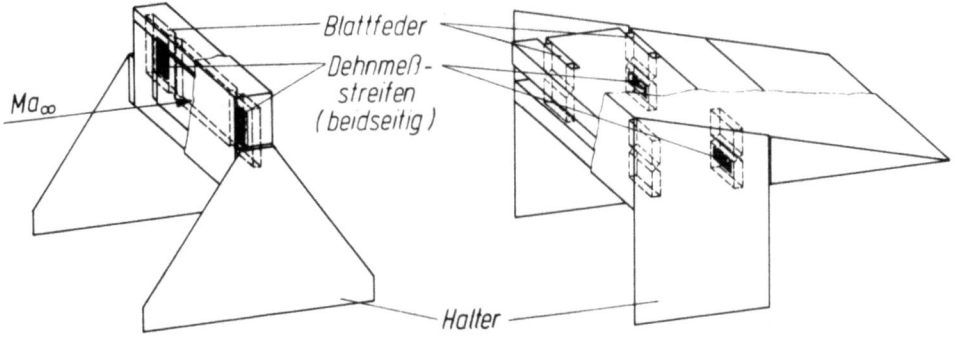

Abb. 6: Dehnmeßstreifenwaagen

Bei dieser Waage wird infolge der Strömungskräfte in Hauptstromrichtung (hier x-Richtung) eine über Blattfedern zweiseitig eingespannte Masse ausgelenkt. Diese Auslenkung ändert Länge und Querschnitt und damit den elektrischen Widerstand von aufgeklebten Dehnmeßstreifen. Die Widerstandsänderung wird bei Schaltung in einer Wheatstone-Voll-Brücke in eine analoge Spannungsänderung umgewandelt und angezeigt. Die Dehnmeßstreifen wurden bei der Meßbrücke so angebracht, daß die Temperatur schaltungsmäßig kompensiert wurde. Über eine Eichung, bei der Gewichte in Strömungsrichtung auf die Waage aufgebracht wurden, konnte der Strömungswiderstand des Störkörpers bestimmt werden.

Großen Einfluß auf die Güte der Waage bezüglich Hysteresefreiheit und Belastbarkeit hat die Auswahl des Federmaterials, das hohe Festigkeit und gute elastische Eigenschaften besitzen muß. Nach A. Heyser [15] soll bei maximaler Belastung die Längenänderung $\frac{\Delta L}{L} = 0,7 \cdot 10^{-3}$ nicht überschritten werden, da sonst Hysterese und Kriechen auftreten können. Bei dem hier verwendeten Federstrahl mit einer Biegefestigkeit von 1500 N/mm^2 konnte so die Grenzbelastung auf den Störkörper 500 N betragen.

Die Waage stellt schwingungstechnisch einen Einmassenschwinger dar. Hierbei läßt sich die Eigenfrequenz durch Veränderung der schwingenden Masse beeinflussen.

$$f_e = \frac{1}{2\pi} \sqrt{\frac{k}{m}} \qquad \begin{array}{l} k = \text{Federkonstante} \\ m = \text{schwingende Masse} \end{array}$$

Die Eigenfrequenz betrug beim Rechteckkörper 2500 Hz im ausgebauten und 600 Hz im eingebauten Zustand aufgrund der Einspannverhältnisse, so daß keine Interferenz mit der Anströmfrequenz - hier Frequenz der Ablösung vom davorliegenden Körper - von ≈ 800 Hz auftreten konnte. Beim eingebauten Dreieckskörper mußte durch Anbringen einer Zusatzmasse die Eigenfrequenz von 800 Hz auf 600 Hz verändert werden. Einen Eindruck von den Belastungsschwankungen des zweiten Körpers in Größe, Frequenz und Richtung gegenüber dem ersten vermittelt Abb. 7.

Als Fehlerquellen bei der Messung müssen senkrecht zur Hauptstromrichtung auftretende Strömungskräfte, in x-Richtung exzentrisch auf den Störkörper auftreffende Kräfte sowie bei gleicher Resonanzfrequenz der

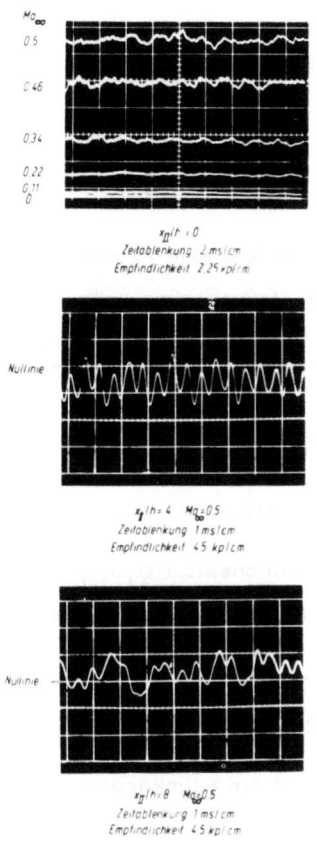

Abb. 7: Belastungsschwankungen auf den ersten (oben) und zweiten (Mitte und unten) Störkörper

Waage und Belastungsfrequenz der Anströmung auftretende Interferenzen angesehen werden.

Die Wirkung der in y-Richtung wirkenden Strömungskräfte auf die Anzeige der x-Kräfte kann durch die Wahl der Federabmessung und deren Anordnung (siehe Abb. 6) beeinflußt werden; sie betrug im vorliegenden Fall 2 %, d. h. beim Aufbringen einer y-Last wird 2 % dieser Last angezeigt.

Der Einfluß exzentrisch angreifender Kräfte betrug maximal $\pm$ 1,5 %, wie sich durch Aufsetzen punktförmiger Lasten in Stromrichtung an verschiedenen Stellen des Körpers herausstellte.

Die bei der Anströmung auf den Störkörper auftretende schwankende Belastung wurde mit einem echt integrierenden Meßsystem erfaßt und in Form von digitalen Meßwerten ausgedruckt.

2.6 Impulsverlustmessung

Der Impulsverlust wurde aus der Messung von Druck und Geschwindigkeit vor (Abb. 1, Stelle 1) und weit hinter (2) den Störkörpern bestimmt. Er ergibt sich aus dem Widerstand aller Körper und einer Reibungskraft, die den Reibungskräften an den Kanalwänden entspricht, von der jeweiligen Störkörperfiguration abhängig ist und nicht gemessen werden kann. Allenfalls die Reibungskraft des leeren Kanals (Index L) läßt sich ermitteln zu

$$F_{Reibg.\,L} = A_K \left[(p_1 - p_2)_L - (\varrho_1 u_1)_L \cdot (u_2 - u_1)_L \right]$$

A_K = Querschnittsfläche des Kanals
$p_{(1,2)}$ = statischer Druck,
$u_{(1,2)}$ = Geschw., ϱ_1 = Dichte

Der Impulsverlust mit eingebauten Störkörpern entspricht dem Widerstand aller Störkörper F_{st} und dem gegenüber der leeren Meßstrecke veränderten Reibungswiderstand ($F_{Reibg.\,L} + \Delta F_{Reibg.}$) an den Kanalwänden. Der Impulssatz lautet somit:

$$F_{st} + F_{Reibg.\,L} + \Delta F_{Reibg.} = A_K \left[(p_1 - p_2)_B - (\varrho_1 u_1)_B (u_2 - u_1)_B \right]$$

Index B = Bestückter Kanal.

Bezieht man die Meßwerte p und u auf den gleichen Durchsatz ($\varrho_1 u_1)_L$ = ($\varrho_1 u_1)_B$, so ergibt sich der dem Gesamtimpulsverlust äquivalente Widerstand zu

$$F_{st} + \Delta F_{Reibg.} = A_K \left[(p_{2L} - p_{2B}) + \varrho_1 u_1 (u_{2L} - u_{2B}) \right]$$

und ein zugehöriger Widerstandsbeiwert, bezogen auf die Störkörperfläche A_{st}

$$c_w = 2 \left(\frac{p_{2L} - p_{2B}}{\varrho_1 u_1^2} + \frac{u_{2L} - u_{2B}}{u_1} \right) \frac{A_K}{A_{st}} \;;$$

beziehungsweise, in Anlehnung an Naumann [8], ein Druckverlustbeiwert:

$$\varphi = \frac{\Delta p}{\varrho_1 \frac{u_1^2}{2}} = 2 \left(\frac{p_{2L} - p_{2B}}{\varrho_1 u_1^2} + \frac{u_{2L} - u_{2B}}{u_1} \right)$$

Damit kann nicht auf den Widerstand der Störkörperanordnung geschlossen werden, da die zahlenmäßige Auswertung der Messungen zeigte, daß die Änderung der Wandreibungskraft in der gleichen Größenordnung wie der Störkörperwiderstand liegt.

Wie der Vergleich zeigt, können anhand der Impulsmessung jedoch wichtige Rückschlüsse auf das Widerstandsverhalten bei verschiedenen Abstandsverhältnissen und Anströmgeschwindigkeiten gezogen werden (siehe Abb. 9).

3. Versuchsergebnisse und Diskussion

3.1 Widerstand der Störkörper

Das Widerstandsverhalten einzelner Störkörper in einer Gruppe ist abhängig von

1. der geometrischen Form der einzelnen Störkörper.

   In dieser Arbeit wird das Widerstandsverhalten von Körpern mit rechteckiger und dreieckiger Seitenfläche beschrieben (Abb. 4).
   Das Verhalten und die Eigenschaften der Strömung in der Umgebung eines einzelnen Störkörpers wird in Kapitel 3.4 beschrieben;

2. ihrer Position in der Gruppe.

   Bei den Rechteckkörpern ließen sich bis zu vier, bei den Dreieckkörpern bis zu drei Positionen anordnen;

3. ihrem Abstand voneinander.

   Es wurden gleiche Abstände zwischen den Körpern eingehalten. In den Diagrammen wurden Abstandsverhältnisse (Verhältnis von Abstand zwischen den Störkörpern zu ihrer Höhe $x_{k(n)}/h$ aufgetragen), bei den Widerstandsverläufen einzelner Körper (Abb. 8, 10) der Abstand vom ersten zum k-ten (k = II, III, IV) Körper (x_k), und bei den Widerstandsbeiwerten von Gruppen der allen Körpern gemeinsamen Abstand $x_n = x_{II} = \frac{1}{2} x_{III} = \frac{1}{3} x_{IV}$, damit die zugehörigen c_w-Werte bei der Summation in Ordinatenrichtung übereinander liegen;

4. der Größe der Anströmgeschwindigkeit Ma_∞ in der ungestörten Anströmung weit vor dem ersten Körper.

Es ist somit c_w = f (geom. Form, Position in der Gruppe, $x_{k(n)}/h$, Ma_∞).

3.1.1 Verhalten einzelner Störkörper

Das typische Widerstandsverhalten wird am jeweils letzten Störkörper einer Rechteckgruppe mit zwei, drei oder vier Störkörpern bei $Ma_\infty = 0,35$ interpretiert (Abb. 8).

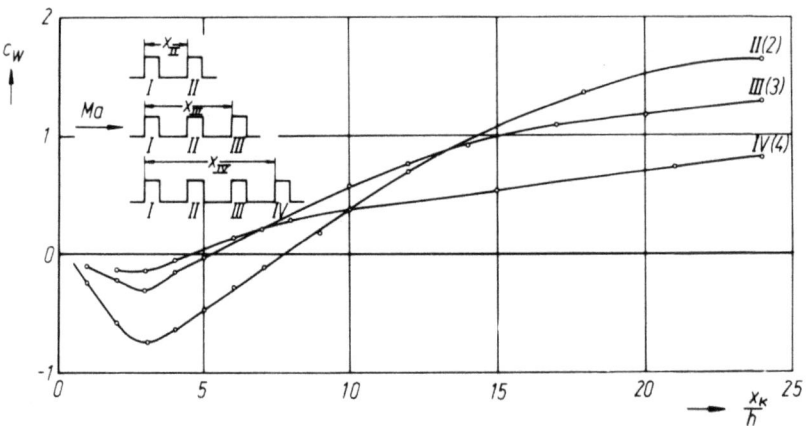

Abb. 8: Widerstandsbeiwert des jeweils letzten Rechteckstörkörpers verschiedener Gruppen bei $Ma_\infty = 0,35$.
(römische Ziffern: Position in der Gruppe;
arabische Ziffern: Anzahl der Störkörper in der Gruppe).

Der zweite (und letzte) Körper einer Zweiergruppe (II(2)) hat im Nachlauf des ersten ein ausgeprägtes negatives Widerstandsverhalten. Bis zu einer Entfernung von 8 Störkörperhöhen wird der Körper gegen (!) die Anströmung gedrückt; bei $x_{II}/h \approx 3$ mit einer maximalen Kraft, die dem 0,8 - fachen des Staudrucks der ungestörten Anströmung entspricht. Bei $x_{II}/h = 8$ ist der Widerstand Null, erst bei sehr großen Abstandsverhältnissen - $x_{II}/h > 25$ - nähert er sich dem des ersten Körpers, der in alleiniger Abhängigkeit von der Anströmgeschwindigkeit bei $c_w = \frac{\varrho}{2} u^2 \approx 2$ liegt (siehe Abb. 10).

Beim dritten (und letzten) Körper einer Dreiergruppe (III(3)) findet sich dieses Verhalten noch in abgeschwächter Form. Das Totwasser und die zugehörige Mischzone werden offensichtlich durch den dazwischen liegenden zweiten Störkörper in Form und Ausdehnung gestört. Die zurückwirkende, maximale Kraft ist mit einem $c_w = -0,3$ (bei $x_{III}/h = 3$) wesentlich geringer und der Körper ist bereits bei einem $x_{III}/h = 5$ widerstandslos. Allerdings nimmt der Widerstand in Strömungsrichtung langsamer zu. Das deutet daraufhin, daß die Strömung im Bereich der drei Störkörper wesentlich wirkungsvoller umgestaltet wird und sich langsamer erholt als das bei zwei Störkörpern der Fall war.

Diese Tendenz setzt sich beim letzten Körper der Vierkörperanordnung fort. Bei gleichen Abständen wie bei den oben angeführten Anordnungen, ist die zurückwirkende Kraft nur noch minimal. Mit steigendem Abstand gerät der Störkörper zunehmend in den Bereich höherer Anströmgeschwindigkeit und sein Widerstand nähert sich asymptotisch demjenigen Wert, den er als erster bei nunmehr allerdings geänderten Anströmbedingungen hätte.

Bei weiterer Erhöhung der Störkörperanzahl werden bei entsprechenden Abständen die Änderungen von Strömungsfeld und Widerstand immer geringer, da sich, wie Kauder [13] und Grapp [14] berichten, das sich einstellende turbulente Geschwindigkeitsprofil - durch Transport kinetischer Energie senkrecht zur Strömungsrichtung - stromab nicht mehr ändert. Die nicht turbulente Strömung oberhalb der Mischzone wird von den ersten Störkörpern derart verdrängt, daß Störkörper mit höheren Positionsnummern (>5) nur noch insoweit einen zusätzlichen Verlust an mechanischer Energie bewirken, wie dieser zur Aufrechterhaltung der stärkeren Grenzschicht notwendig ist.

Nach 4 bis 5 regelmäßig angeordneten Störkörpern mit Abstandsverhältnissen $3 < x_k/h < 20$ hat sich das Strömungsprofil fast vollständig umgebildet. Diesen Bereich kann man als Anlaufstrecke einer störkörperbeeinflußten Strömung ansehen.

Die zweite gemessene Störkörperart hatte dreieckige Seitenflächen mit einer in Strömungsrichtung abfallenden Flanke von $15°$. Naumann [8] und Chaturverdi [4] haben festgestellt, daß eine derartige Kontur zwischen $15°$ und $30°$ als Begrenzung des Totwassers zu besonders großen

Strömungsverlusten führt, sowohl gegenüber kleineren, als auch größeren (Rechteckkörper, 90°) Diffusorwinkeln.

Bei den vorliegenden Untersuchungen ergab sich bei der Widerstandsmessung kein signifikanter Unterschied gegenüber den Rechteckkörpern (Abb. 9).

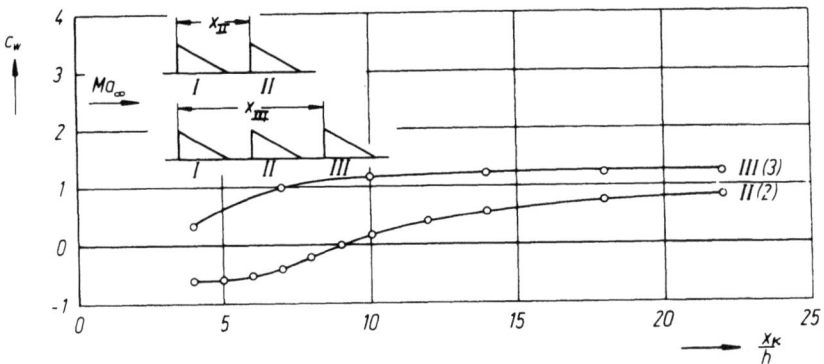

Abb. 9 : Widerstandsbeiwert des jeweils letzten Störkörpers verschiedener Gruppen von Dreieckkörpern bei $Ma_\infty = 0,35$

Der zweite (und letzte) Störkörper einer Zweiergruppe weist im Nahbereich des ersten ein mit dem entsprechenden Rechteckkörper vergleichbares Verhalten auf. Bei größeren Abständen ($x_k/h > 8$) hat die Widerstandskurve gegenüber der Kurve des Rechteckkörpers einen deutlich abgeflachten Verlauf. Das rührt daher, daß, wie erwartet, die abfallende Flanke von 15° zu einer nachhaltigeren Störung der Strömung im Störkörpernachlauf führt. Der c_w-Wert des dritten Körpers einer Dreiergruppe zeigt einen ähnlichen Verlauf. Berücksichtigt werden muß, daß bei dieser Gruppe wegen der Längenausdehnung der einzelnen Körper nicht in x_k/h-Bereichen gemessen werden kann, in denen ein negativer c_w-Wert zu erwarten ist. Aus diesem Grund wurde auch auf eine weitere Erhöhung der Störkörperanzahl verzichtet.

3.1.2 Verhalten von Gruppen

Das Verhalten der einzelnen Körper auf den jeweiligen Positionen innerhalb einer Gruppe von vier Rechteckkörpern zeigt Abb. 10:

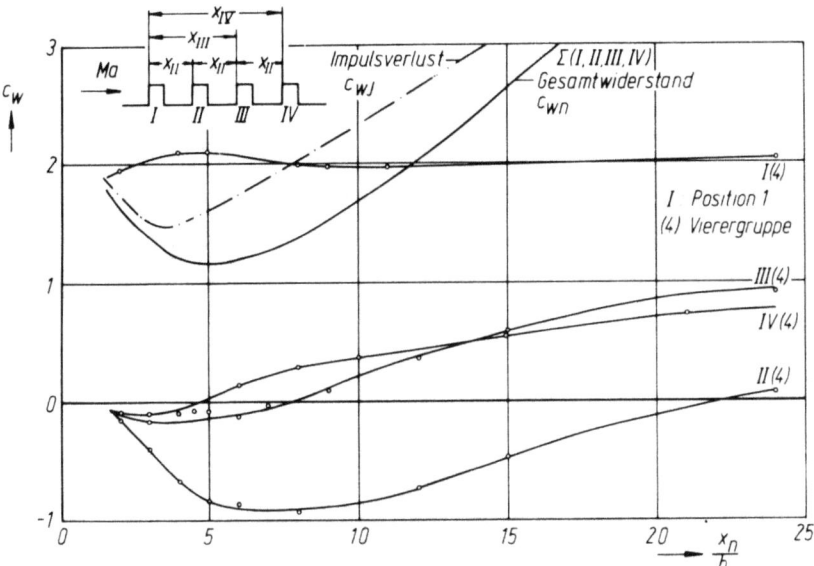

Abb. 10: Widerstandsbeiwerte einer Vierergruppe von Rechteckkörpern bei $Ma_\infty = 0,35$

Hierbei ist der c_w-Verlauf über der allen Körpern gemeinsamen Abstandsvariablen x_n/h aufgetragen.

Der Widerstandsbeiwert des ersten Störkörpers (I(4)) liegt unabhängig von der Anströmgeschwindigkeit Ma_∞ (das zeigen hier nicht wiedergegebene Messungen bei anderen Machzahlen) und weitgehend unabhängig vom Abstandsverhältnis bei $c_w = 2$. Lediglich im Bereich $x_n/h < 7$ führt die Störung des Rezirkulationsgebietes zu nennenswerten Abweichungen.

Der Widerstand der folgenden Körper hat das schon in Abb. 8 für die letzten Körper jeweiliger Gruppen gezeigte Verhalten, d.h. bei steigender Positionsnummer wird der Einfluß dieser Körper auf die Umgestaltung der Strömung und damit auf die Induzierung von Verlusten immer geringer.

Der Gesamtwiderstand einer Vierergruppe läßt sich aus der Summe der Einzelwiderstände bestimmen:

$$c_{wn} = \sum_{i=1}^{4} c_{wi}(\frac{x_n}{h}).$$

Hierbei zeigt sich, daß ein System von vier Störkörpern gegenüber einem einzelnen Körper gleicher Abmessungen bis zu einem Abstandsverhältnis $x_n/h = 11$ einen erheblich kleineren Widerstandskoeffizienten hat, bei $x_n/h = 5$ ergibt sich eine maximale Widerstandsabnahme von 40 %. Bei den Dreieckkörpern ist der Verlauf der Widerstandsbeiwerte der Körper auf den einzelnen Positionen ähnlich dem bei Rechteckkörpern, jedoch bestehen quantitative Unterschiede (Abb. 11).

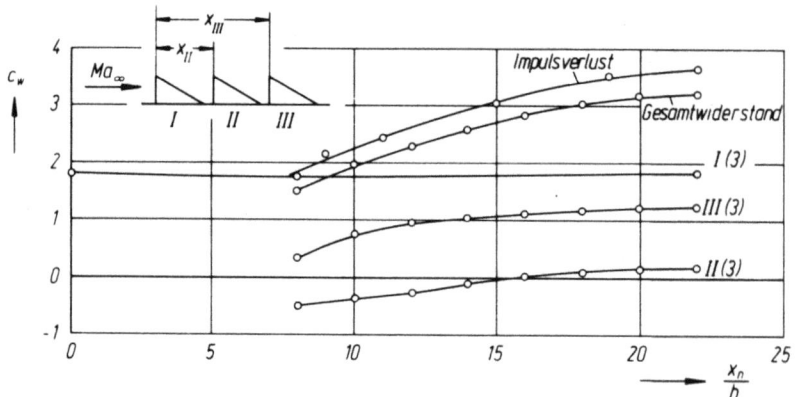

Abb. 11: Widerstandsbeiwerte einer Dreiergruppe bei $Ma_\infty = 0,35$

So liegt der Widerstand des ersten unabhängig von der Anströmgeschwindigkeit bei $c_w = 1,8$, während bei den weiteren Körpern einer Dreiergruppe - wie schon bei Abbildung 9 beschrieben - die Steigung des Widerstandsverlaufes in Richtung größerer Abstände weniger groß als bei den Rechteckkörpern ist.

Bei der Zweikörperanordnung läßt sich besonders der negative Bereich des Widerstandskoeffizienten des zweiten Körpers ersehen, wodurch sich eine Widerstandsabnahme der Zweieranordnung gegenüber einer einzelnen Störung gleicher Höhe um 34 % bei einem $x_n/h = 4$ erreichen läßt (Abb. 12).

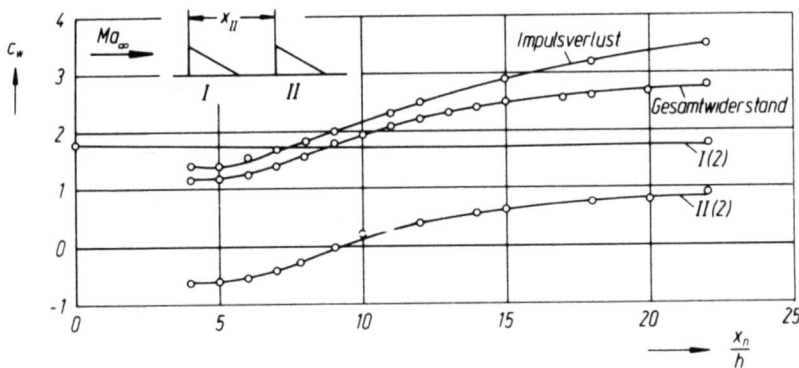

Abb. 12: Widerstandsbeiwerte einer Zweiergruppe bei $Ma_\infty = 0,35$

Bringt man also in der Nähe eines Störkörpers stromabwärts noch weitere Störungen gleicher Art an, nimmt der Gesamtwiderstand ab! Für die Praxis bedeutet das etwa, daß sich bei einem Strömungskanal die Auflösung einer einzelnen Verstärkung in mehrere gleiche Teile auf den Widerstand und die Strömungsführung - bei höherer Kanalfestigkeit - günstig auswirken, wenn bestimmte geometrische Verhältnisse eingehalten werden.

3.2 Impulsverlust der Störkörpergruppen

Parallel zur Kraftmessung wurde die Änderung des Gesamtimpulsstromes durch Messung des statischen Druckes weit hinter den Störkörpern und unter Vernachlässigung des Wärmeaustausches bestimmt. Die Verluste der leeren Meßstrecke, die etwa 1/3 der Gesamtverluste ausmachen, wurden vorher ermittelt und - bezogen auf den Staudruck der Anströmung an der Stelle (1) - in Abzug gebracht.

Die Abbildungen 10, 11 und 12 zeigen, daß der Impulsverlustkoeffizient c_{wJ} größer ist als der Widerstandskoeffizient c_{wn}. Das war nach der Ausführung unter 2.6 zu erwarten, da im Bereich der Störkörper mit einer wesentlich höheren Geschwindigkeit als der Anströmgeschwindigkeit und daher auch mit höheren Wandreibungsverlusten $F_{Reibg.} + \Delta F_{Reibg.}$ gerechnet werden muß. Eine Bestimmung dieser Reibungsverluste setzt die Kenntnis des, gegenüber der Messung im leeren Kanal, geänderten Geschwindigkeitsfeldes voraus und ist mit angemessenem Aufwand nicht durchführbar.

Trotzdem darf mit der Impulsverlustmessung auf den Widerstandsverlauf einer Störkörpergruppe geschlossen werden, da - wie der Vergleich der Koeffizienten c_{wJ} in den Abbildungen und den hier nicht wiedergegebenen Messungen bei anderen Anströmgeschwindigkeiten zeigt - sie ein weitgehend ähnliches Verhalten haben. Bei anderen Störkörpergeometrien und -gruppen kann die Impulsverlustmessung somit einen brauchbaren Hinweis über den Gesamtwiderstand liefern.

Aus der Differenz $c_{wn} - c_{wJ}$ von Abb. 10 lassen sich Rückschlüsse auf die Größe der Geschwindigkeitserhöhung ziehen, die durch die jeweilige Störkörperanordnung hervorgerufen wird. Abb. 13 zeigt, um wieviel die Mach-Zahl bei der Bestimmung der Kanalverluste der leeren Meßstrecke erhöht werden muß, um auf einen gleichen Widerstandskoeffizienten zu kommen.

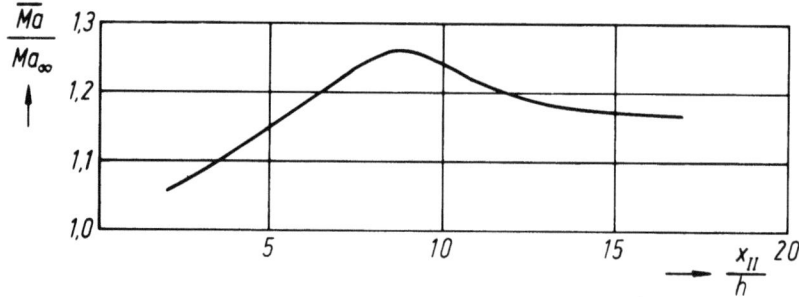

Abb. 13: Änderung des Machzahlmittelwertes bei Bestückung mit vier Reckteckkörpern

Diese Machzahl $\overline{Ma}$ wird als Machzahl-Mittelwert zwischen den Meßebenen vor (1) und weit hinter (2) den Störkörpern interpretiert. Sie gibt den Bereich der Meßstrecke an, in dem eine wesentlich höhere Geschwindigkeit als die Anströmgeschwindigkeit vorliegt.

Dieser Bereich ist klein bei geringem Störkörperabstand – $x_n/h = 3$ –; er nimmt zu, bis sich Störkörper und Rezirkulationsgebiete unmittelbar aneinander reihen und damit die Strömung oberhalb der Mischzone kontinuierlich verdrängen – $x_n/h = 9$ –; er wird bei weiterem Auseinanderrücken der Körper durch das teilweise Wiederanliegen der Grenzschicht in Einzelbereiche aufgeteilt, in denen Zonen wesentlich erhöhter Geschwindigkeit vergleichsweise kurz sind.

Der Gesamtwiderstand der Dreiergruppe von Dreieckkörpern liegt ebenfalls unterhalb dem der Impulsverlustmessung, so daß sich auch hier durch einen Machzahlkorrekturfaktor die Geschwindigkeitserhöhung im ungestörten Bereich oberhalb der Störkörper bestimmen läßt (Abb. 14).

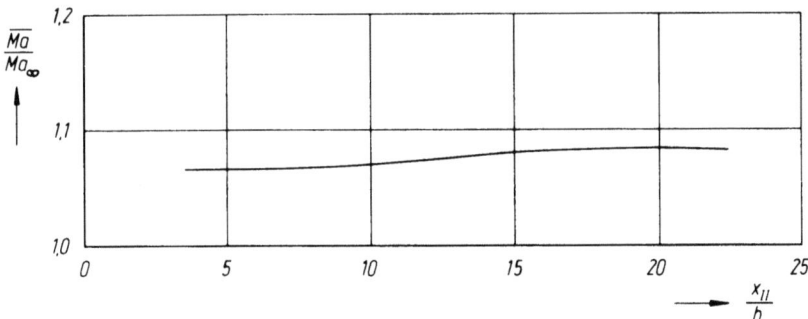

Abb. 14: Änderung des Machzahl-Mittelwertes bei Bestückung mit drei Dreieckkörpern

3.3 Einfluß der Anströmgeschwindigkeit

Die Abbildungen 8 bis 12 zeigen die Widerstandsverläufe bei einer Anströmgeschwindigkeit $Ma_\infty = 0,35$. Die gleichen Untersuchungen wurden auch für andere Anströmgeschwindigkeiten durchgeführt, jeweils von $Ma_\infty = 0,15$ an aufwärts bis zur Blockierung der Meßstrecke.

Der charakteristische Widerstandsverlauf ist bei allen gemessenen Machzahlen ähnlich, es ändert sich lediglich seine Größe. Aus diesem Grunde wurde nur der Einfluß der Anströmgeschwindigkeit Ma_∞ auf den Widerstandsbeiwert der einzelnen Störkörper einer Vierergruppe von Rechteckkörpern sowie einer Dreiergruppe von Dreieckkörpern bei verschiedenen Abstandsverhältnissen x_k/h dargestellt (Abbildungen 15 und 16).

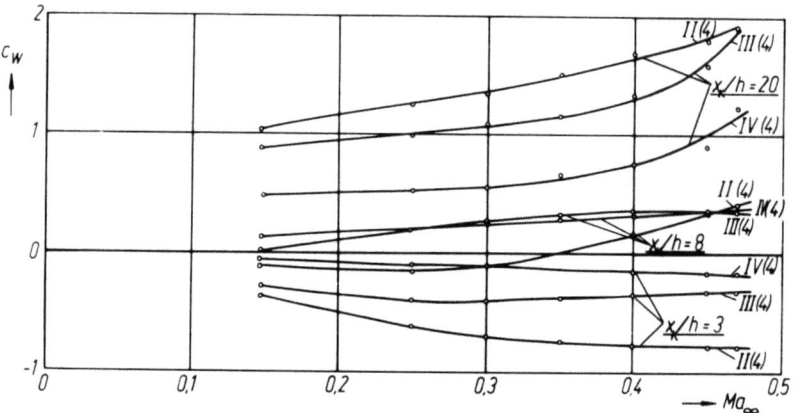

Abb. 15: Widerstandsbeiwerte einzelner Störkörper einer Vierergruppe von Rechteckkörpern

Der erste Körper hat, weitgehend unabhängig vom Abstand der folgenden, einen Widerstand, der quadratisch mit der Anströmgeschwindigkeit steigt (siehe Abb. 10). Bei den Dreieckkörpern senken sich jedoch die Widerstandszahlen im Bereich $0,15 < Ma_\infty 0,4$ geringfügig um 4 % ab (Abb. 16). Bei den nachfolgenden Störkörpern wird das typische Widerstandsverhalten mit steigender Anströmgeschwindigkeit ausgeprägter, unabhängig davon, ob ein negativer oder positiver Widerstands-Koeffizient vorliegt. Bei $x_k/h = 8$ wechselt die Widerstandzahl des zweiten Rechteckkörpers das Vorzeichen, da sich mit steigender Machzahl die Mischzone zum Totwasser neigt und dieser Körper dann zunehmend in den Bereich der Kernströmung gerät. Bei den nachfolgenden Körpern wirkt sich die Störung der Strömung immer nachhaltiger aus, was der überproportionale Anstieg der Widerstandzahl der dritten und vierten Störkörper gegenüber der des zweiten anzeigt. Bei großen Abstandsverhältnissen – $x_k/k = 20$ – deuten die Anstiege der Widerstandszahlen wie auch die Streuung der Meßwerte darauf hin, daß die kritische Machzahl einzelner Störkörper erreicht ist.

Bei den Dreieckkörpern ist dieses Verhalten weniger ausgeprägt, was auf die wirkungsvolle Umgestaltung der Strömung, wie Chaturverdi [4] und Naumann [8] zeigten, schon nach dem ersten Körper durch die Störkörperform zurückzuführen ist (Abb. 16).

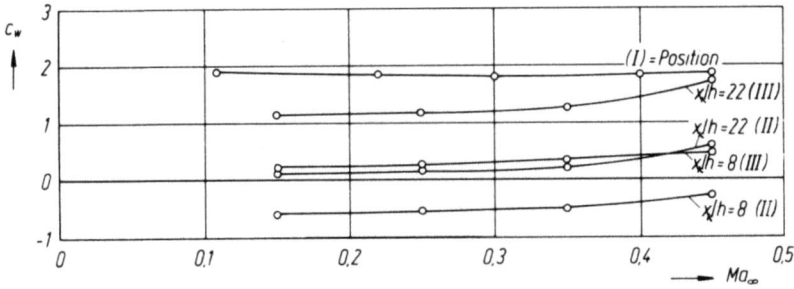

Abb. 16: Widerstandsbeiwerte einzelner Störkörper einer Dreiergruppe von Dreieckkörpern

3.4 Geschwindigkeits- und Temperaturverteilung

Die als Folge der Strömungsablösung entstehenden großen Geschwindigkeitsgradienten und Scherspannungen führen, wie bereits einleitend beschrieben, zu Instabilitäten und hoher Turbulenz; die Konvektion, Diffusion und der Zerfall dieser Turbulenz haben entscheidenden Einfluß auf die mittlere Bewegung der Mischzone und beeinflussen rückwirkend wieder das Feld der ungestörten Strömung. Das nichthomogene und anisotrope Turbulenzverhalten erschwert den Versuch einer analytischen Lösung, die experimentellen Untersuchungen und einen zugehörigen Vergleich.

Daher wurde in mehreren Studienarbeiten das Strömungsfeld hinter einem Störkörper mit Druck-, Temperatur- und Hitzdrahtsonden näher untersucht. R. Sowalder [12] vermaß Druck- und Temperaturverteilungen hinter einzelnen Störkörpern verschiedener Form und ermittelte daraus die Geschwindigkeitsverteilungen (Abb. 17).

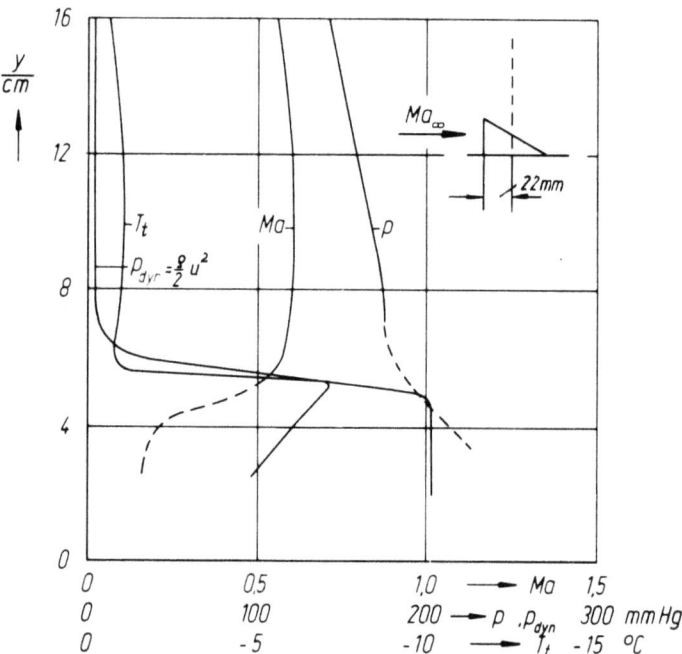

Abb. 17: Temperatur-, Druck- und Geschwindigkeitsverteilung 2,2 cm hinter der Vorderkante eines Dreieckkörpers mit 3,5 cm Höhe

D. Meyer [20] bestimmte die Druckverteilung bei Zweiergruppen und versuchte mit Hilfe einer Fehlerkorrektur die nicht gemessene Dichte

(Temperatur)verteilung zu eliminieren, um den Geschwindigkeitsverlauf zu berechnen (Abb. 18).

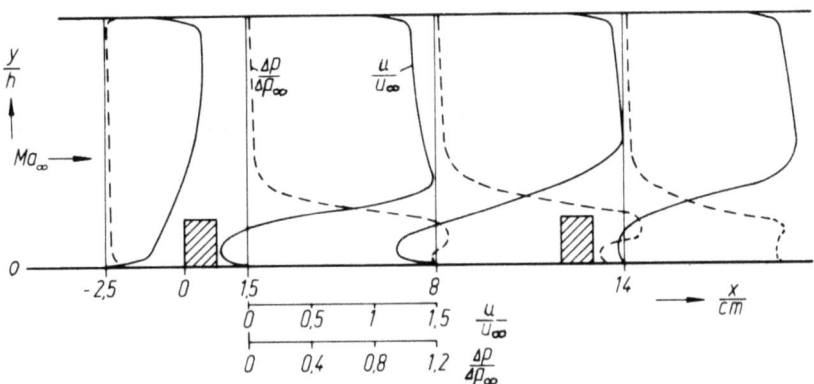

Abb. 18: Druck- und Geschwindigkeitsverteilungen bei einer Zweiergruppe von Rechteckkörpern

Insbesondere die Druckmessungen waren aufgrund des großen instationären Geschwindigkeitsanteils nur schwer mit ausreichender Genauigkeit zu interpretieren.

C. Weiland [22] führte deshalb Hitzdrahtmessungen im Bereich des Störkörpernachlaufs durch. Dabei wurden die mittlere Geschwindigkeit und der Effektivwert der Turbulenz bestimmt. Ihm gelang es, die Tollmiensche Lösung [siehe 3] der abgelösten, inkompressiblen, turbulenten Grenzschicht durch ein numerisches Lösungsverfahren nach Runge-Kutta-Butcher bei der kompressiblen Berechnung der Geschwindigkeitsverteilung zu ersetzen.

H. G. Kirsch [23] bestimmte mit Hilfe einer in gesonderten Untersuchungen entwickelten Temperaturmeßsonde die Ruhetemperaturverteilung in der Strömung.

H. Schollmeyer [3] führte eine geschlossene Berechnung der physikalischen Größen Geschwindigkeit, Ruhetemperatur, statische Temperatur, Enthalpie usw. anhand vereinfachter Vorstellungen durch: Mit den in geeigneter Form reduzierten Kontinuitäts-, Impuls- und Energiegleichungen und mit Hilfe einer modifizierten numerischen Rechenmethode nach Runge-Kutta-Butcher [17] wurden simultan Geschwindigkeits- und Temperaturprofile der kompressiblen, turbulenten Mischströmung ermittelt.

Abb. 19 zeigt im unteren Bildteil die Geschwindigkeits- und Abb. 21 die Ruhetemperaturverteilung hinter einem einzelnen Störkörper mit anströmungsparalleler Ablösung.

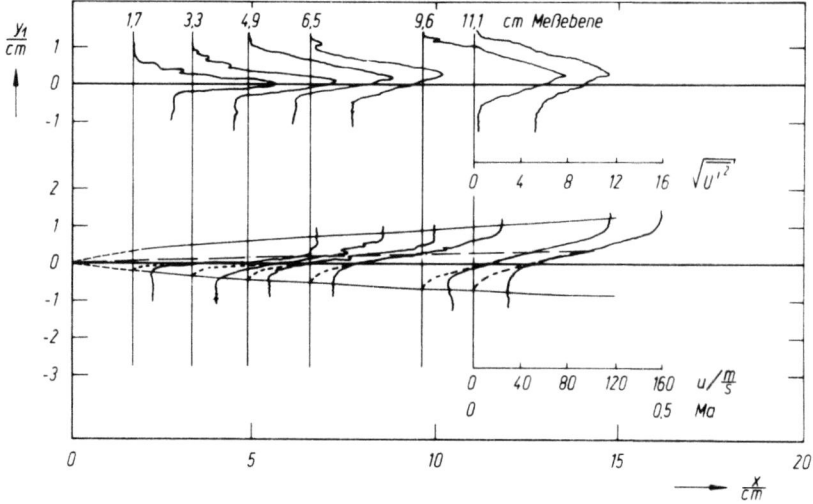

Abb. 19: Mischzone und Geschwindigkeitsverteilungen bei $Ma_\infty = 0,5$

Bei der mit einem Hitzdraht gemessenen Geschwindigkeitsverteilung fällt die ausgeprägte Turbulenz auf, die zu einer intensiven Umverteilung der Energie über die - strichpunktierte - Diskontinuitätsgrenze führt. (Die Diskontinuitätsgrenze ist hier als geometrischer Ort der Turbulenzmaxima definiert.) Das führt zu sehr ähnlichen Geschwindigkeitsprofilen in Strömungsrichtung, wie aus dem Streubereich der oberen Kurve in Abb. 20 ersichtlich ist, die auf Messungen in sechs verschiedenen Ebenen basiert [22].

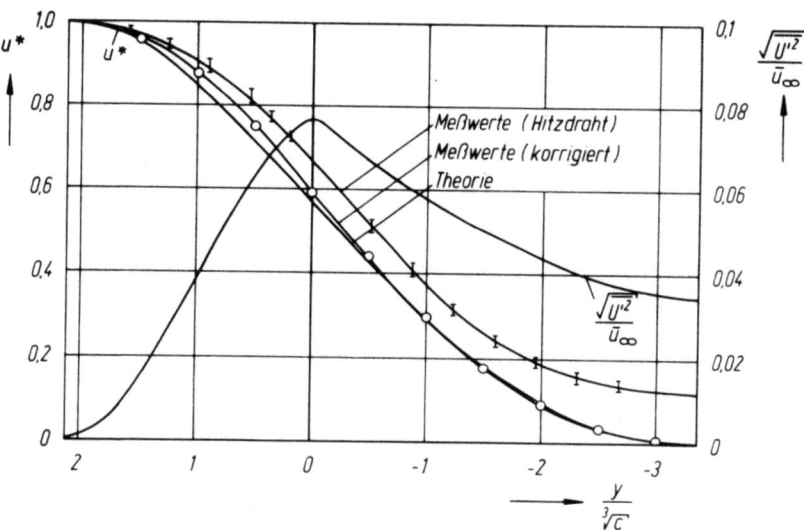

Abb. 20: Geschwindigkeitsverteilung ($u^* = u/u_\infty$)

Nach Anbringen einer in 2.3 erwähnten Korrektur fallen die in [22] ausführlich beschriebenen Geschwindigkeitsmeßwerte weitgehend mit den theoretischen Ergebnissen zusammen.

Auffallend bei der Ruhetemperaturverteilung ist die Überhöhung im oberen Mischzonenbereich, die mit steigender Totwassertemperatur ansteigt und deren Maximum sich gleichzeitig zur Mischzonenmitte hin verlagert. Der Vergleich zwischen Messung und Theorie in Abb. 22 zeigt, daß diese Temperaturerhöhung – im allgemeinen als "History Effect" bezeichnet – bei konsequenter Anwendung physikalisch-strömungsmechanischer Grundvorstellungen als ein für diesen Strömungszustand typisches Verhalten interpretieren läßt.

Ein vergleichbares Temperaturverhalten zeigt sich ebenfalls bei anderen Störkörperformen und anders geformten Mischzonen. Abb. 23 bringt die nicht Machzahl-korrigierte Ruhetemperaturabweichung für verschiedene Störkörperformen in einer Ebene 38 mm hinter dem Ablösepunkt, die im Rahmen der vorliegenden Untersuchungen gemessen

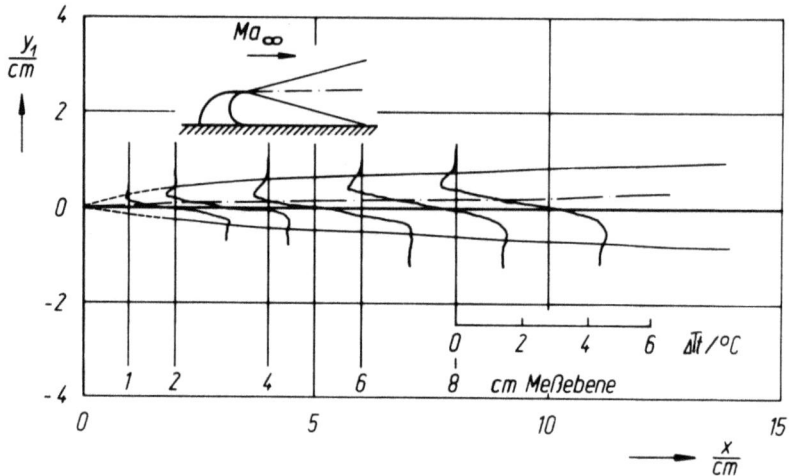

Abb. 21: Mischzone und Differenz der Ruhetemperaturverteilung bei $Ma_\infty = 0,56$; $T_{t\infty} = 295$ K
($\Delta T_t = T_{t\infty} - T_t$)

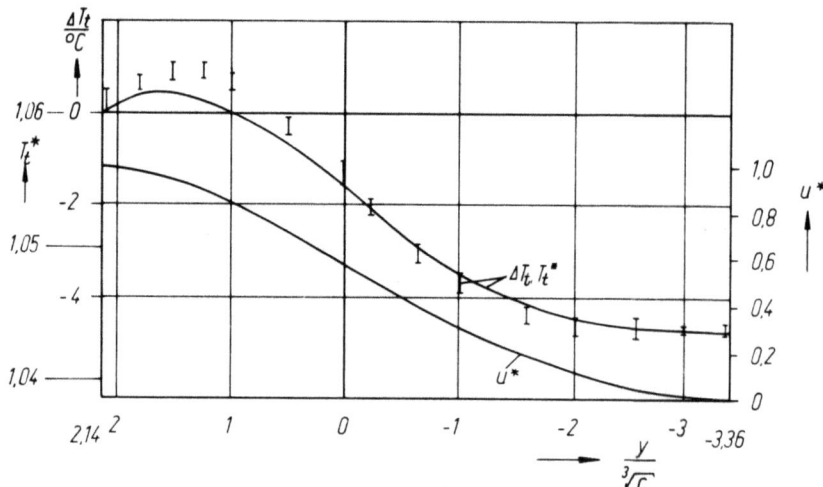

Abb. 22: Ruhetemperaturverteilung, Theorie $Ma_\infty = 0,55$; $Pr_t = 0,74$;
($\Delta T_t = T_{t\infty} - T_t$; $T_t^* = T_t/T_{t\infty}$) Messung $Ma_\infty = 0,56$; $T_{t\infty} = 295$ K;
Ebene 4, 6, 8 cm

wurden. Die Lage der Mischzone wird durch den Winkel bestimmt, den die Kontur der Wand vor dem Ablösepunkt einnimmt. Der Störkörper mit wandparalleler Ablösekontur, wie auch der nach hinten geöffnete Keil, zeigen den etwa wandparallelen Verlauf der abgelösten Grenzschicht. Mit zunehmender Aufsteilung der Ablösekontur

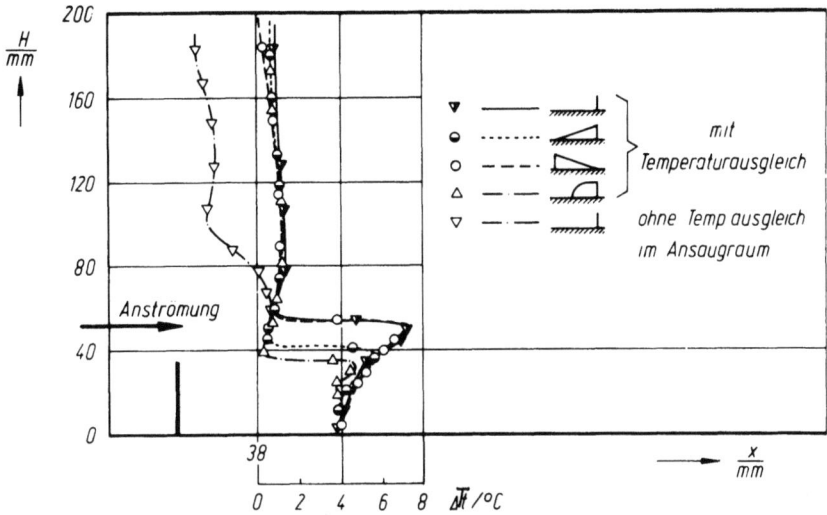

Abb. 23: Ruhetemperaturverteilung hinter verschiedenen Störkörperformen bei $Ma_\infty = 0,44$

kontrahiert der ungestörte Strömungsbereich mit stärker werdender Krümmung der Mischzone. Als Folge nimmt die Temperaturabsenkung bei konstanter Anströmmachzahl des Störkörpers kräftig zu. Das ist offensichtlich nicht nur durch die infolge der Kontraktion erhöhte Geschwindigkeit am oberen Mischzonenrand zu erklären, sondern läßt den Einfluß eines durch die stark gekrümmten Stromlinien induzierten Druckgradienten vermuten. Bei kompressibler turbulenter Strömung ergibt sich, wie Schultz-Grunow [24] feststellte, ein zusätzlicher thermodynamischer Effekt, der den Wärmetransport bis zu negativen Recovery-Temperaturen steigern kann

(Ranque-Hilsch Wirbelrohr).

Im Totwasser gemessene Recovery-Faktoren – $r = \dfrac{T_{to} - T_\infty}{T_{t\infty} - T_\infty}$ (siehe Abb. 2) – für gleiche Mischzonen oder Mischzonen mit ähnlicher Geometrie im Bereich der Anström-Machzahl $0,2 < Ma < 2,44$ bringt Abb. 24.

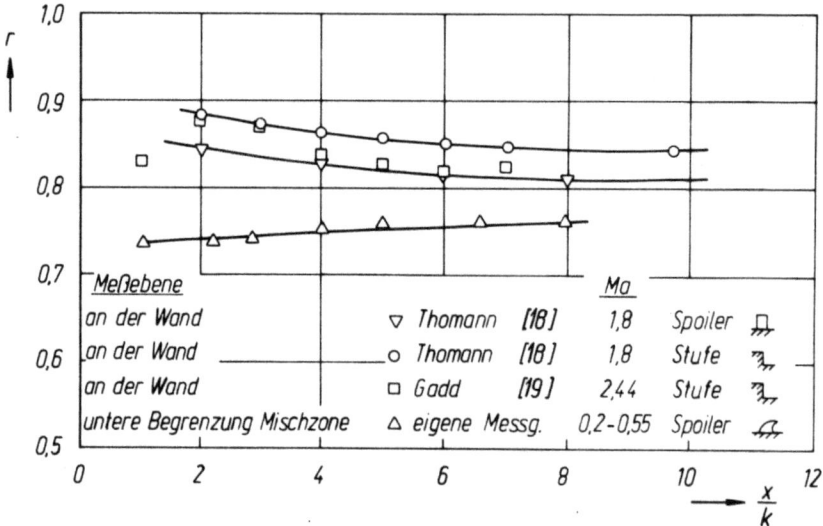

Abb. 24: Recovery-Faktor im Totwasser

Im Unterschall nimmt die Temperaturabsenkung im Störkörpernachlauf stetig ab, bei Überschallströmung, wie vergleichende Messungen nach [18] und [19] zeigen, stetig zu. Es ist anzunehmen, daß mit der Umwandlung der freien Grenzschicht zu einer wandanliegenden, turbulenten Grenzschicht mit einem stromab völliger werdenden Geschwindigkeitsprofil eine weitere Erhöhung des Recovery-Faktors in Richtung $r \rightarrow 0,8$ einhergeht.

Die in einer kompressiblen Mischzone durch den Geschwindigkeitsgradienten induzierte Änderung der statischen Temperatur hat allgemein eine Umverteilung von Energie zur Folge. Das führt bei der turbulenten, quasistationären Mischströmung unter sonst konstanten Randbedingungen dazu, daß sich neben Geschwindigkeit und Staudruck auch Gesamtenthalpie und Ruhetemperatur über den Querschnitt senkrecht zur Hauptströmungsrichtung ändern.

Die hinter einem Störkörper im Totwasser entnommene Luft hat ein wesentlich niedrigeres Enthalpieniveau als die Luft an jeder anderen Stelle der Strömung. Weiterführende Messungen haben gezeigt, daß dieser Temperatureffekt mit zunehmender Strömungsgeschwindigkeit ansteigt.

3.5 Die Wirkung der Mischzone als Wärmepumpe

Der skizzierte Strömungsmechanismus führt dazu, daß fortwährend Energie (Wärme) aus dem Gebiet niedrigen Niveaus (Totwasser) in ein Gebiet höheren Niveaus (Strömungsbereich auf der anderen Mischzonenseite) transportiert wird. Es besteht deshalb die Möglichkeit, aus dem Totwassergebiet Strömungsmedien mit - gegenüber dem Anströmzustand - abgesenkter Ruhetemperatur zu gewinnen. Zur Ermittlung der Leistung dieses physikalischen Vorganges wurden Versuche durchgeführt, bei denen hinter einer einseitig freien Blende ringförmig aus dem Totwasser kontinuierlich Luft abgesaugt wurde (Abb. 25).

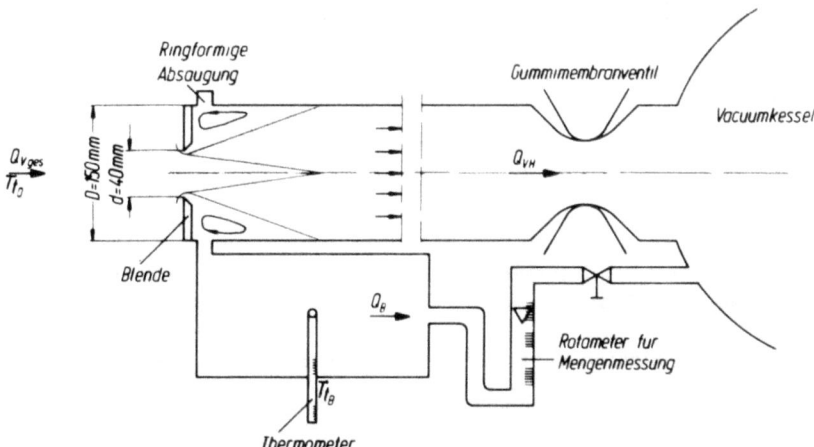

Abb. 25: Meßanordnung zur Totwasserabsaugung

Die Temperatur dieser über einen Bypass abgesaugten Luft wurde in einem Behälter bei niedriger Strömungsgeschwindigkeit gemessen, um den Einfluß des Recovery-Faktors zu reduzieren.

Abb. 26 zeigt eine Zusammenstellung der Ergebnisse. Aufgetragen wurden auf der Ordinate die Ruhetemperaturabsenkung ΔT_t des aus dem Totwasser in den Behälter fließenden Mediums über dem Verhältnis von Bypassmenge Q_B zu der einströmenden Gesamtmenge Q_{Vges}. Parameter sind die Bypassmenge Q_B und die im Rohr weiterströmende Restmenge Q_{VH}.

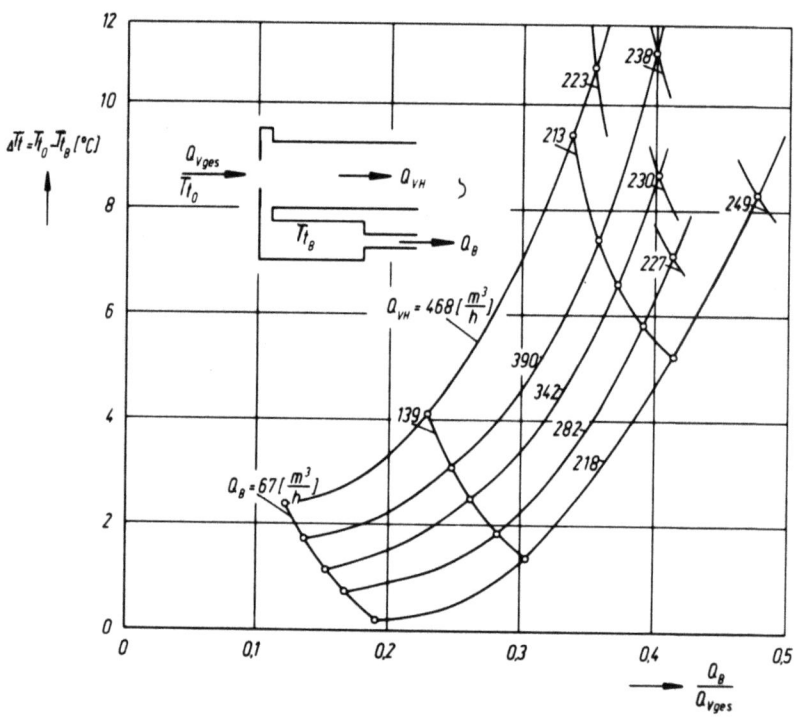

Abb. 26: Abhängigkeit der Temperaturabsenkung vom Verhältnis der Bypass- zur Gesamtmenge

Die Machzahlen im engsten Einströmquerschnitt lagen zwischen 0,4 und 0,8. Wie erwartet, steigt die Temperaturdifferenz mit der Anströmgeschwindigkeit an.

Abhängig vom Bypassverhältnis wurden Temperaturabsenkungen von mehr als 11° C erreicht. Aufgrund des Wärmeübergangs- und des Recoveryeffektes dürfte die wirkliche Temperaturabsenkung noch größer sein. Auffällig ist, daß durch Erhöhung der Bypassmenge (bei gleicher Durchflußmenge) die Temperaturabsenkung in höherem Maße verstärkt wurde als bei einer Vergrößerung der Durchflußmenge in der Blende.

Die Beobachtung ähnlich gelagerter, zweidimensionaler Strömungsfelder deutet darauf hin, daß die Öffnungswinkel der Mischzone zur Hauptströmungsrichtung vergrößert und die Breite der Mischzone verringert wird. Durch die sich damit ergebenden größeren Temperatur- und Geschwindigkeitsgradienten muß sich die Wirkung des Wärmepumpeffektes verstärken. Wegen frühzeitiger Blockierung konnten größere Mengen Durchsätze und Temperaturdifferenzen nicht erreicht werden.

Bezogen auf die Temperaturdifferenz ist der erreichte "Thermodynamische Wirkungsgrad" nicht sehr hoch. Betrachtet man allerdings die Tatsache, daß mehr als 1/3 des zuströmenden Mediums um diese Temperatur abgesenkt werden kann, dürfte dieser Effekt unter bestimmten Umständen verfahrenstechnisch von Interesse sein. Dazu bedarf es aber noch einer Anzahl von Messungen zur Absicherung und Erhärtung der erreichten Ergebnisse.

4. Zusammenfassung und Anwendungsmöglichkeiten

In der vorliegenden Arbeit wird das Widerstandsverhalten von einzelnen Körpern und Gruppen wandfester Störkörper rechteckigen und dreieckigen Profils beschrieben. Der Widerstand eines einzelnen, isolierten und der einzelnen Körper in einer Gruppe wird mit Hilfe einer in einen Körper eingebauten Dehnmeßstreifenwaage bestimmt. Bei der Gruppe wird der Körper mit der Dehnmeßstreifenwaage an jeder Position in der Gruppe angeordnet.

Der Gesamtwiderstand einer Gruppe wird zum einen durch Summation der Einzelwiderstände der Körper, zum anderen durch Messung des Impulsverlustes der Strömung bestimmt.

Der Widerstand eines einzeln, isolierten Rechteckkörpers liegt bei $c_{wn} = 2,$

der des Dreieckkörpers bei c_{wn} = 1,8, während sich der Gesamtwiderstand
einer Gruppe durch Verändern der Abstände zwischen den Körpern in
weiten Bereichen variieren läßt. Bei einer Gruppe von vier Rechteckkörpern
betrug $1,2 \leq c_{wn} \leq 7$ im Abstandsbereich $2 \leq x_n/h \leq 24$, so daß sich der
Gesamtwiderstand der Vierergruppe bei x_n/h = 5 um 40 % unter der Widerstandszahl eines einzelnen Körpers absenken läßt (Abb. 10). Die Dreiergruppe von Dreieckkörpern zeigt $1,5 \leq c_{wn} \leq 3,2$ in $8 \leq x_n/h \leq 22$,
womit der Widerstand dieser Gruppe um maximal 17 % bei x_n/h = 8 unter
dem des Einzelkörpers liegt (Abb. 11).

Die Widerstände der dem ersten Störkörper folgenden Körper in einer
Gruppe werden bei kleinen Abständen negativ, dies ist besonders bei den
zweiten Körpern ausgeprägt. Bei der Vier-Rechteckkörpergruppe lag
die Widerstandszahl im Bereich $2 \leq x_n/h \leq 8$ bei $-0,8 \leq c_{wII} \leq 0$ (Abb. 8),
bei der Zwei-Dreieckkörpergruppe bei $4 \leq x_n/h \leq 8$ $-0,6 \leq c_{wII} \leq 0$
(Abb. 12).

Bei der Impulsverlustmessung ergeben sich durch Einbeziehung der größeren Wandreibungsverluste höhere Widerstandszahlen (Kap. 2.6), bei der
Vier-Rechteckkörpergruppe ist $1,5 \leq c_{wJ} \leq 8,5$, bei der Drei-Dreieckkörpergruppe $1,8 \leq c_{wJ} \leq 3,7$ in den gleichen Abstandsbereichen wie
bei der Widerstandsmessung. Auch die mit dieser Meßmethode bestimmten Widerstandszahlen liegen im Bereich $2 \leq x_n/h \leq 8$ größenordnungsmäßig unter den Werten einer einzelnen Störung gleicher Art, bei
x_n/h = 3 maximal um 25 %. Bei anderen Störkörpergeometrien und -anordnungen ist der Verlauf der Widerstandsbeiwerte ähnlich, entscheidende
qualitative und größere quantitative Änderungen sind nicht zu erwarten
[20], so daß es möglich ist, die vorstehenden Ergebnisse zur Beurteilung einer Anzahl strömungstechnischer Probleme heranzuziehen.

So ist z.B. die Windbelastung einer Brücke, zu deren tragenden Elementen
mehrere Unterzüge gehören, genauer zu bestimmen. Durch geeignete
Dimensionierung der Unterzüge und ihrer Abstände zueinander ließe sich
in kritischen Fällen die Windlast nicht unerheblich unter den Wert eines
einzelnen Kastenträgers drücken.

Gleiches gilt für windseitig offene Parkhochhäuser usw. .
Eine weitere Anwendungsmöglichkeit ergibt sich beim Einbau mehrerer Störkörper (Wanderhebungen, Aussteifungen) in Wasserrinnen, Rohren, Tunneln usw. . Hier läßt sich eine begrenzte Anzahl von Störkörpern - $n < 5$ - derart optimal anordnen, daß damit eine erhebliche Verringerung von Verlust an mechanischer Energie gegenüber dem Verlust bei einer einzelnen Störung gleicher Art verbunden ist.

Andererseits kann eine ungeschickte Staffelung von Hindernissen zu besonders großen Verlusten führen.

Die Strömungsumgestaltung bei einer Zweikörperanordnung gegenüber einem einzelnen Störkörper wurde schon 1936 von G. Wälzholz [16] bei Blenden technisch ausgenutzt. Zweck seiner Untersuchungen war es, durch die Anordnung einer sogenannten Doppelblende die Konstanthaltung der Durchflußzahl in einem weiten Reynoldszahlbereich zu erreichen. Als zweiter Effekt, auf den nicht näher eingegangen wurde, nahmen die Strömungsverluste gegenüber der Normblende gleichen Öffnungsdurchmessers ab.

Dies wurde nicht, wie in dieser Arbeit, durch Änderung der Blenden-(Störkörper)abstände bei gleichbleibenden Öffnungsverhältnissen, sondern durch Variation der Öffnungsverhältnisse der beiden Blenden zueinander bei gleichbleibenden Abständen erreicht. Ein überschlägiger Vergleich der Angaben von G. Wälzholz und den vorstehenden Untersuchungen ergibt eine Widerstandsabsenkung in gleicher Größenordnung bei entsprechenden Abstands- bzw. Öffnungsverhältnissen.

Zur Beurteilung des Strömungszustandes hinter einem Störkörper werden Geschwindigkeits- und Temperaturverläufe angegeben. Die Geschwindigkeitsverläufe wurden mit dem Hitzdrahtverfahren bestimmt, wobei in Bereichen großer Turbulenz mit einem dazu entwickelten Korrekturverfahren [10] annehmbare Ergebnisse erzielt werden konnten (Kap. 3. 4).

Die Temperaturverläufe werden mit Halbleiterwiderständen (NTC) bestimmt, da mit diesen der Einfluß des Recovery-Effektes am besten zu erfassen ist.

(Kap. 2. 4). Ein besonderer Effekt einer Mischzone ist in ihrer Wirkung als Wärmepumpe zu sehen, d. h. aus dem Totwassergebiet läßt sich Strömungsmedium mit - gegenüber dem Anströmzustand - abgesenkter Ruhetemperatur gewinnen (Kap. 3. 5).

5. Literaturnachweis

[1] Arie, M.; Rouse, H. — Experiments on two-dimensional flow over a normal wall. J. Fluid Mechanics, Vol. 1(1956), 129-141.

[2] Sforza, P.M.; Mons, R.F. — Flow behind a leading edge obstacle. AIAA Journal, Vol. 8, 12 (1970), 2162-2167.

[3] Schollmeyer, H. — Untersuchungen einer kompressiblen turbulenten Scherströmung über einem Totwasser. Diss. am Aerodyn. Institut der RWTH Aachen (1973).

[4] Chaturverdi, M.C. — Flow characteristics at abrupt axisymmetric expansions. J. Hydr. Div., Vol. 89, Nr. HY3 (1963), 61-92.

[5] Carmody, T. — Establishment of the wake behind a disk. J. of Bas. Eng. (1964), 869-882.

[6] Antonia, R.A.; Luxton, R.E. — The response of a turbulent boundary layer to an upstanding step change in surface roughness. J. of Basic Eng. (1971), 23-34.

[7] Zeller, H.; Müller, A.; Neumann, K.D. — Untersuchungen zum Strömungsverhalten in Elektrofiltern. Z. "Staub, Reinhaltung der Luft", 29 (1969), 303-307.

[8] Naumann, A. — Versuche an aerodynamischen Drosselsystemen. Zeitschr. f. Flugwissenschaften 9 (1961), 117-124.

[9] VDI - Durchflußmeßregeln 1952, Beuth-Vertrieb, Köln (1969), 34.

[10] Schollmeyer, H. — Hitzdrahtkorrekturen bei großem Turbulenzgrad. VDI-Zeitsch. 117, 10 (1975), 483-486.

[11] Schollmeyer, H. — Zum Verhalten kurzer Drahtsonden bei erzwungener Konvektion. Abhandl. aus dem Aerodyn. Institut der RWTH Aachen 18 (1965), 20-24.

[12] Sowalder, R. — Untersuchungen des Strömungsverhaltens wandfester Störkörper. Studien-Arbeit am Aerodyn. Institut der RWTH Aachen (1970).

[13] Kauder, K. — Über den Strömungswiderstand in gewellten Rohren. Ein Beitrag zum Rauhigkeitsproblem. Zeitschr. "Konstruktion im Masch.-, Apparate- und Gerätebau". 24 (1972), 169-174.

[14] Grapp, K.   Durchflußwiderstand von flexiblen metallischen Leitungen.
Z. Konstruktion 26 (1974), 486-489.

[15] Heyser, A.   Entwicklung von Windkanaleinbauwaagen mit Dehnmeßstreifensystemen.
DFVLR, Wissenschaftl. Berichtswesen (1963).

[16] Wälzholz, G.   Die Doppelblende.
Forsch. Ing. -Wesen 7 (1936), 191-201.

[17] Kösch, A.   Methode zur numerischen, schrittweisen Lösung eines Anfangswertproblems für ein System gewöhnlicher Differentialgleichungen.
Programmbibliothek des Rechenzentrums der RWTH Aachen, LDGS 201.

[18] Thomann, H.   Measurements of heat transfer and recovery temperature in region of separated flow at Mach number of 1,8.
Flygtekniska Försökanstalten, Stockholm, 82 (1959).

[19] Gadd, G.E.,
Cope, W.F.,
Attrige, J.L.   Heat transfer and skin-friction measurements at a Mach number of 2,44 for a turbulent boundary layer on a flat surface and in regions of separated flow.
ARC-R + M 3148 (1958).

[20] Meyer, D.   Druck- und Geschwindigkeitsfeld hinter Störkörpern.
Diplomarbeit am Aerodyn. Institut der RWTH Aachen (1966).

[21] Balkowski, M.,
Schollmeyer, H.   Untersuchungen zum Widerstandsverhalten hintereinander liegender wandfester Störkörper.
Abhandl. aus dem Aerodyn. Institut der RWTH Aachen 21 (1974).

[22] Weiland, C.   Untersuchungen der laminaren und turbulenten Vermischungszone hinter wandfesten Störkörpern.
Diplomarbeit am Aerodyn. Institut der RWTH Aachen (1972).

[23] Kirsch, H.G.   Untersuchungen der Energieverteilung in freien, turbulenten, kompressiblen Grenzschichten.
Diplomarbeit am Aerodyn. Institut der RWTH Aachen (1973).

[24] Schultz-Grunow, F. Turbulenter Wärmedurchgang im Zentri-
fugalfeld.
ForschungsGebiete Ingenieurwiss. $\underline{17}$
(1951), 65-76.

FORSCHUNGSBERICHTE
des Landes Nordrhein-Westfalen

*Herausgegeben
im Auftrage des Ministerpräsidenten Heinz Kühn
vom Minister für Wissenschaft und Forschung Johannes Rau*

Die »Forschungsberichte des Landes Nordrhein-Westfalen« sind in zwölf Fachgruppen gegliedert:

Wirtschafts- und Sozialwissenschaften
Verkehr
Energie
Medizin/Biologie
Physik/Mathematik
Chemie
Elektrotechnik/Optik
Maschinenbau/Verfahrenstechnik
Hüttenwesen/Werkstoffkunde
Metallverarb. Industrie
Bau/Steine/Erden
Textilforschung

Die Neuerscheinungen in einer Fachgruppe können im Abonnement zum ermäßigten Serienpreis bezogen werden. Sie verpflichten sich durch das Abonnement einer Fachgruppe nicht zur Abnahme einer bestimmten Anzahl Neuerscheinungen, da Sie jeweils unter Einhaltung einer Frist von 4 Wochen kündigen können.

WESTDEUTSCHER VERLAG
5090 Leverkusen 3 · Postfach 300 620

MIX
Papier aus verantwortungsvollen Quellen
Paper from responsible sources
FSC® C105338

If you have any concerns about our products,
you can contact us on
ProductSafety@springernature.com

In case Publisher is established outside the EU,
the EU authorized representative is:
**Springer Nature Customer Service Center GmbH
Europaplatz 3, 69115 Heidelberg, Germany**

Printed by Libri Plureos GmbH
in Hamburg, Germany